BEI GRIN MACHT SICH IHR WISSEN BEZAHLT

- Wir veröffentlichen Ihre Hausarbeit,
  Bachelor- und Masterarbeit

- Ihr eigenes eBook und Buch -
  weltweit in allen wichtigen Shops

- Verdienen Sie an jedem Verkauf

Jetzt bei www.GRIN.com hochladen und kostenlos publizieren

Bibliografische Information der Deutschen Nationalbibliothek:

Die Deutsche Bibliothek verzeichnet diese Publikation in der Deutschen National-
bibliografie; detaillierte bibliografische Daten sind im Internet über http://dnb.d-
nb.de/ abrufbar.

Impressum:

Copyright © 2015 GRIN Verlag, Open Publishing GmbH
Druck und Bindung: Books on Demand GmbH, Norderstedt Germany
ISBN: 9783668471153

Dieses Buch bei GRIN:

http://www.grin.com/de/e-book/369526/carl-friedrich-gauss-und-die-fortentwicklung-
der-versicherungsmathematik

Ralf Günthner

Aus der Reihe: e-fellows.net stipendiaten-wissen

e-fellows.net (Hrsg.)

Band 2416

Carl Friedrich Gauß und die Fortentwicklung der Versicherungsmathematik

GRIN Verlag

GRIN - Your knowledge has value

Der GRIN Verlag publiziert seit 1998 wissenschaftliche Arbeiten von Studenten, Hochschullehrern und anderen Akademikern als eBook und gedrucktes Buch. Die Verlagswebsite www.grin.com ist die ideale Plattform zur Veröffentlichung von Hausarbeiten, Abschlussarbeiten, wissenschaftlichen Aufsätzen, Dissertationen und Fachbüchern.

Besuchen Sie uns im Internet:

http://www.grin.com/

http://www.facebook.com/grincom

http://www.twitter.com/grin_com

Inhaltsverzeichnis

Literaturverzeichnis

Bernstein, Felix	Über das Gaußsche Fehlergesetz, Mathematische Annalen 1907, S. 417 ff. (zitiert als: *Bernstein*, Math. Annalen 1907)
Bieberbach, Ludwig	Carl Friedrich Gauß – Ein deutsches Gelehrtenleben, 1938 (zitiert als: *Bieberbach*, Gauß – Ein deutsches Gelehrtenleben)
Braun, Heinrich	Geschichte der Lebensversicherung und der Lebensversicherungstechnik, 2. Auflage, 1963 (zitiert als: *Braun*, Geschichte der Lebensversicherung)
Bühler, Walter	Gauss – Eine biographische Studie, 1987 (zitiert als: *Bühler*, Gauss – Eine biographische Studie)
Deutsche Gesellschaft für Versicherungs- und Finanzmathematik	Blätter der Deutschen Gesellschaft für Versicherungs- und Finanzmathematik e.V., 1950 (zitiert als: *Autor*, Blätter der DGVFM 1950)

Fahr/Kaulbach/Bähr/Pohlmann	Versicherungsaufsichtsgesetz Kommentar, 5. Auflage, 2012 (zitiert als: *Autor* in FKBP)
Galle, Andreas Wilhelm Gottfried	Über die geodätischen Arbeiten von Gauß, 1973 (zitiert als: *Galle*, über die geodätischen Arbeiten von Gauß)
Heilmann, Wolf-Rüdiger	Die Rolle des Mathematikers in der Versicherungswirtschaft, VW 1993, S. 239 ff. (zitiert als: *Heilmann*, VW 1993)
Koch, Peter	- Pioniere des Versicherungsgedankens, 1968; - Geschichte der Versicherungswissenschaft, VW 1998, S. 85 ff.; - Die Bedeutung Göttingens für die Entwicklung der Versicherungswissenschaft und -praxis, VW 1996, S. 169 ff. (jeweils zitiert als: *Koch*, Pioniere des Versicherungsgedankens; *Koch*, VW 1998; *Koch*, VW 1996)
Nell, Martin	Geschichte der Versicherungswissenschaft in Deutschland, NVersZ 2000, S. 164 ff. (zitiert als: *Nell*, NVersZ 2000)

Neuburger, Edgar	Die Versicherungsmathematik von vorgestern bis heute - ein Vortrag ohne Formeln, ZVersWiss 1974, S. 107 ff. (zitiert als: *Neuburger, ZVersWiss 1974*)
Rosmanith, Gustav	Mathematische Statistik der Personenversicherung, 1930 (zitiert als: *Rosmanith,* Math. Statistik der Personenversicherung)
Waltershausen, Sartorius Von	Gauss zum Gedächtnis, 1856 (zitiert als: *Waltershausen*, Gauss zum Gedächtnis)
Wiesler, Hans	Über die Grundlagen der Lebensversicherungsmathematik, 1944 (zitiert als: *Wiesler*, Grundlagen der Lebensversicherungsmathematik)
Worbs, Erich	Carl Friedrich Gauß – Ein Lebensbild, 1955 (zitiert als: *Worbs,* Gauß – Ein Lebensbild)
Wussing, Hans	Carl Friedrich Gauss, Biographien hervorragender Naturwissenschaftler, Techniker und Mediziner, Band 15, 2. Auflage, 1976 (zitiert als: *Wussing*, Gauss)

Vorwort

„Mathematicorum princips", Fürst unter den Mathematikern, heißt es auf einer Denkmünze, die der König von Hannover zu Carl Friedrich Gauß' Gedenken prägen ließ. Als den größten Mathematiker aller Zeiten und Völker bezeichnete ihn sein Zeitgenosse, der berühmte Mathematiker, Physiker und Astronom Pierre Simon Laplace.[1]

Carl Friedrich Gauß gilt auch heute noch fraglos als eine Koryphäe der reinen Mathematik. Gleichwohl verknüpft man seinen Namen vermutlich eher mit der Astronomie oder der Physik als mit dem Versicherungswesen. In dieser Arbeit soll nicht nur das Leben des C. F. Gauß dargestellt, sondern darüber hinaus durchleuchtet werden, ob und inwieweit Gauß mit dem Versicherungswesen in Zusammenhang gebracht werden kann. Dabei werden wir auch auf die Geschichte der Versicherungsmathematik zu sprechen kommen, welche es uns ermöglicht, die Rolle des C. F. Gauß innerhalb der Versicherungsmathematik besser einordnen zu können.

Zum Schluss erfolgt sodann eine ausführliche Bewertung seiner Leistungen, bei welcher weniger der Inhalt seiner Arbeiten, sondern vor allem die Verknüpfung dieser und seiner Person mit dem Versicherungswesen im Vordergrund stehen soll.

---

[1] *Worbs*, Gauß – Ein Lebensbild, S.11.

A. Lebenslauf

Wer war C. F. Gauß eigentlich und wodurch erlangte er einen solch enormen Bekanntheitsgrad, der noch heute fortdauert? Mit dieser Frage möchten wir uns kurz auseinandersetzen bevor wir Gauß' Wirken auf die Versicherungsmathematik thematisieren. Hierbei soll Gauß' Leben als Gelehrter im Mittelpunkt stehen, wobei familiäre und politische Aspekte vernachlässigt werden (müssen).

Carl Friedrich Gauß, geboren am 30. April 1777 in Braunschweig als Sohn eines vielseitigen Arbeiters, war bereits als kleiner Junge von der Mathematik begeistert. Später sagte Gauß über sich selbst, er habe das Rechnen vor dem Sprechen gelernt; Zahlen waren seine Spielsachen.[2] Als Siebenjähriger, so heißt es, entwickelte der kleine Gauß bereits die nach ihm benannte Summenformel in der Braunschweiger Anfängerschule. Eine von seinem Lehrer Büttner gestellte Aufgabe, die der längeren Beschäftigung der Schüler dienen sollte, nämlich die Zahlen von 1 bis 100 zusammenzuzählen, löste der damals Siebenjährige auf Anhieb, indem er fünfzig Gruppen von je zwei Zahlen bildete, deren Summe jeweils 101 entsprach (1+100; 2+99; 3+98;...).[3] So kam er durch das Verfünfzigfachen der Summe (50*101) auf das richtige Ergebnis von 5050.[4]

Glaubt man den Erzählungen, so darf man Gauß gut und gerne ein mathematisches Wunderkind nennen. Nicht verwunderlich ist es daher, dass Herzog Karl Wilhelm Ferdinand von Braunschweig bald auf den Schüler aufmerksam wurde und ihm aus eigenen Mitteln den Besuch des Gymnasiums und anschließend des Collegium Carolinum im Jahr 1792 ermöglichte.[5] 1795 begann Gauß dann sein Mathematikstudium an der Universität Göttingen, wo ihm im Alter von achtzehn Jahren „ehe er

---

[2] *Worbs,* Gauß – Ein Lebensbild, S.17.

[3] *Wussing,* Gauss, S. 11.

[4] Die gaußsche Summenformel, auch „kleiner Gauß" genannt:
$$1 + 2 + 3 + 4 + \cdots + n = \sum_{k=1}^{n} k = \frac{n(n+1)}{2} = \frac{n^2 + n}{2}.$$

[5] *Bieberbach,* Gauß – Ein deutsches Gelehrtenleben, S. 18.

aus dem Bette aufgestanden war"[6] als Erster die Lösung eines seit zwei Jahrtausenden unbehandelten Problems gelang: Die Konstruierbarkeit eines regelmäßigen Vielecks, nur mithilfe von Zirkel und Lineal (den sogenannten „euklidischen Werkzeugen").[7]

Zur gleichen Zeit wendete Gauß außerdem die „Methode der kleinsten Quadrate" zur Ausgleichung von Beobachtungsfehlern an. 1850 schrieb er seinem Freund Schuhmacher, dass er der festen Überzeugung gewesen sei, „jeder im Schulfach nicht ganz Fremde könne gar nicht umhin, sogleich diese Grundidee zu finden, sobald er sich nur überhaupt die Frage klar vorstelle". Aus diesem Grund „habe er auf die Grundidee der Methode niemals irgendeinen Wert gelegt".[8] Obwohl ihr Gauß selbst zunächst keine große Bedeutung zukommen ließ, stellt sie jedoch einen überaus wichtigen Baustein der Wahrscheinlichkeitstheorie und auch der Versicherungsmathematik dar. Deshalb werden wir später noch auf die „Methode der kleinsten Quadrate" zu sprechen kommen.[9]

1798 kehrte Gauß nach Braunschweig zurück um alsbald in Helmstedt zu promovieren. Immer noch genoss er die finanzielle Unterstützung des Herzogs und nahm sie dankbar entgegen. Aufgrund der engen Verbundenheit zum Herrscherhaus lehnte Gauß auch zahlreiche Rufe, etwa nach St. Petersburg, ab. Stattdessen beschloss er nach seiner Dissertation, die den Fundamentalsatz der Algebra behandelte, in Braunschweig zu bleiben.[10]

Die Dissertation stellte für Gauß jedoch lediglich eine Randerscheinung seiner wissenschaftlichen Tätigkeit zu jener Zeit dar. Es war sein im Jahre 1801 erschienenes Werk über die Zahlentheorie „Disquisitiones arithmeticae", das den jungen Gelehrten, vor allem aufgrund der darin entfalteten Gedankentiefe, zu dem Kreis der führenden Mathematiker seiner Zeit aufsteigen ließ.[11]

In den darauffolgenden Jahren widmete sich Gauß hauptsächlich der Astronomie und Geodäsie und führte eine Landesvermessung des Herzogtums Westfalen durch. Darüber hinaus glückte ihm die Bahnbestimmung von Himmelskörpern, wie etwa

---

[6] Gauß in einem Brief an Gerling am 6. Januar 1819.
[7] *Worbs*, Gauß – Ein Lebensbild, S. 29.
[8] *Bieberbach*, Gauß – Ein deutsches Gelehrtenleben, S. 25.
[9] siehe B. II. 3.
[10] *Koch*, Pioniere des Versicherungsgedankens, S. 251.
[11] *Wussing*, Gauss, S. 32.

des Planeten Ceres. Sein astronomisches Hauptwerk „Theoria motus corporum coelestium…" erschien im Jahr 1809 und definiert unter anderem die Normalverteilung, die eng mit der „Methode der kleinsten Quadrate" zusammenhängt. Erst zu diesem Zeitpunkt, als Gauß von letzterer Gebrauch machte, erkannte er deren Bedeutung und praktischen Nutzen für die Optimierung von Messdaten.[12]

Schließlich nahm Gauß 1807 eine Berufung an die Göttinger Universität als Professor der Astronomie und Direktor der Sternwarte an, wo er bis zu seinem Tode am 23. Februar 1855 verweilte.[13] Eine Aufzählung all seiner Leistungen und Werke in diesem Zeitraum würde den Umfang dieser Arbeit ausufern lassen und deren Zweck verfehlen. Auf jeden Fall ist aber das von Gauß im Jahr 1845 verfasste Gutachten über die Vermögenslage der Professoren-Witwen- und -Waisenkasse der Universität Göttingen zu nennen.[14] Seine Arbeit für jene Alters- und Hinterbliebenenversorgung zeigt, dass sich Gauß auch mit dem Versicherungswesen beschäftigt hat, weshalb wir auch hierauf noch näher eingehen werden.[15]

---

[12] *Bieberbach,* Gauß – Ein deutsches Gelehrtenleben, S. 43 f.
[13] *Koch,* Pioniere des Versicherungsgedankens, S. 251.
[14] *Koch,* VW 1998, 85 (88).
[15] siehe B. III.

B. Gauß' Beitrag zum Versicherungswesen

I.   Einleitung – Die Rolle der Versicherungsmathematik

Um C. F. Gauß' Beitrag zum Versicherungswesen begreifen zu können, ist zunächst ein genaueres Verständnis des Versicherungsbegriffs notwendig. Das Versicherungswesen ist das Erkenntnisziel der Versicherungswissenschaft, welche keine einheitliche, in sich homogene, sondern vielmehr eine fachübergreifende Sammelwissenschaft darstellt. Sie umfasst neben dem Versicherungs*recht* und der Versicherungs*ökonomie* insbesondere die Versicherungs*mathematik*, die bei der systematischen Durchdringung realer Lebenssachverhalte zur Anwendung kommt.[16]

Besonders deutlich wird dies im Bereich der Lebensversicherung, die seit vielen Jahrzehnten ohne Versicherungsmathematik nicht denkbar ist. Ausgehend von den Vorsorgebestrebungen der Gesellschaft, gewannen die Wahrscheinlichkeitsrechnung sowie andere Methoden zur Erfassung der Sterblichkeit an Bedeutung.[17] Gerade hierzu konnte auch Gauß einen entscheidenden Beitrag leisten.

Neben der Theorie beschäftigte sich Gauß aber auch mit der Praxis des Versicherungswesens, namentlich mit der Professoren-Witwen- und -Waisenkasse in Göttingen, über deren finanzielle Situation er 1845 ein bedeutsames Gutachten verfasste.[18]

---

[16] *Nell*, NversZ 2000, 164 (165).
[17] *Koch*, Pioniere des Versicherungsgedankens, S. 41.
[18] *Koch*, VW 1998, 85 (88).

II. Beitrag zur Versicherungsmathematik (Theorie)

1. Geschichte und Entwicklung der Versicherungsmathematik

Zur genaueren Einordnung Gauß' in die Versicherungsmathematik wollen wir zunächst einen Blick auf die Zeit vor seinem Schaffen werfen.

a) Die Wechselbeziehung zur Lebensversicherung

Die Entwicklung der Versicherungsmathematik hängt eng mit der Geschichte der Lebensversicherung zusammen. Dieser Zusammenhang basiert keineswegs auf bloßem Zufall, sondern ergibt sich aus dem Umstand, dass zur bestmöglichen Verwirklichung des Versicherungsgedankens – der Alters-/Hinterbliebenenvorsorge – ein funktionierendes System erforderlich ist. Ein solches lässt sich nur mithilfe der Mathematik und deren Anwendung in ökonomisch sinnvoller Weise entwerfen.

Die Bedeutung der Versicherungsmathematik erkannte Jan de Witt (1625–1672), einer der größten Staatsmänner Hollands, schon im Jahr 1671, indem er beschwor: „Ihr sprecht und faßt Resolutionen über Probleme, die sich nur mithilfe der Mathematik behandeln lassen."[19] Er richtete sich dabei an holländische Staatsmitglieder, die zur Finanzierung des damals stark verschuldeten Landes Leibrenten deutlich unter Wert verkaufen wollten. De Witt gelang dabei erstmals die technisch richtige Berechnung der Leibrente unter Berücksichtigung des Zinses und einer angenommenen Sterblichkeitsverteilung.[20]

b) Die Sterblichkeit – von Annahmen bis hin zur Wahrscheinlichkeitstheorie

Der Zins stellt die erste von drei Rechnungsgrundlagen der Lebensversicherung dar. Er wird benötigt um den Barwert (=Gegenwartswert) einer Rente zu ermitteln, deren Auszahlung erst später bei Eintritt des Versicherungsfalls (=Erreichen eines bestimmten Alters) erfolgt. Hinzu kommt als zweite Rechnungsgrundlage ein Kostenzuschlag für Aufwendungen jeglicher Art (z. B. Verwaltungskosten). Letztlich bildet die Sterblichkeit die dritte Rechnungsgrundlage, mit der wir uns genauer auseinandersetzen wollen. Sie muss Berücksichtigung finden, um abschätzen zu können, ob und wie lange die Rente vom Versicherten bezogen wird. Je älter der

---

[19] *Braun*, Geschichte der Lebensversicherung, S. 85.
[20] *Neuburger*, ZVersWiss 1974, 107 (112).

Versicherte wird, umso länger muss die Rente ausbezahlt werden und umso höher ist folglich der Leibrentenwert.

Dieser Zusammenhang zwischen Rentenwert und Alter wurde bereits früh erkannt. Weniger ersichtlich war allerdings, wie die Messung der Sterblichkeit eines Menschen zu erfolgen hatte. De Witt setzte bei seiner Berechnung eine Abfallsordnung voraus, die das menschliche Leben in vier Abschnitte teilte (4–53, 54–63, 64–73, 74–80). Sodann traf er die Annahme, dass die halbjährlich eintretenden Todesfälle im ersten Abschnitt konstant d, im zweiten $\frac{2}{3}d$, im dritten $\frac{1}{2}d$ und im vierten Abschnitt $\frac{1}{3}d$ seien.[21]

Mit bloßen Annahmen über die Sterblichkeit wollte sich der damalige Mathematiker und Bürgermeister von Amsterdam Johannes Hudde (1628–1704) jedoch nicht zufrieden geben. Er entwickelte anhand einer Gesamtheit von 1495 Leibrenteninhabern die älteste bekannte „Sterbetafel", also eine Ausscheideordnung dieses Kollektivs.

In England veröffentlichte Edmond Halley 1693 die erste wirklich nützliche Sterbetafel, beruhend auf Sterblichkeitserhebungen aus den Breslauer Sterberegistern für die Jahre 1687–1690.[22] Er definierte für jedes Alter x unter Berücksichtigung der im jeweiligen Alter Überlebenden l_x die Lebenswahrscheinlichkeit (probability of life) $p_x = \frac{l_{x+1}}{l_x}$.[23] Sie sagt aus, mit welcher Wahrscheinlichkeit das Alter $x+1$ erreicht wird. Die Wahrscheinlichkeit einer x-jährigen Person, vor Erreichen des Alters $x+1$ zu sterben, also die Sterbewahrscheinlichkeit q_x ist dementsprechend $1 - p_x$. Ausgehend von den unterschiedlichen Sterbewahrscheinlichkeiten berechnete Halley sodann den Rentenbarwert für jedes durch fünf teilbare Alter (siehe Tabelle 1).

---

[21] *Rosmanith*, Math. Statistik der Personenversicherung, S. 65.
[22] *Heilmann*, VW 1993, 239 (240).
[23] *Wiesler*, Grundlagen der Lebensversicherungsmathematik, S. 160.

x	1_x	q_x
5	732	0,0301
10	661	0,0121
15	628	0,0096
20	598	0,0100
25	567	0,0123
30	531	0,0151
35	490	0,0184
40	445	0,0202
45	397	0,0252
50	346	0,0318
55	292	0,0342
60	242	0,0413
65	192	0,0521
70	142	0,0775
75	88	0,1136
80	41	0.1707
85	18	0,1111
90	8	0,2500
95	3	0,3333

[24]

Nicht lange dauerte es, bis der Gedanke auftauchte, den Sterblichkeitsverlauf in einer mathematischen Formel zusammenzufassen, also ein von gewissen logischen Grundtatsachen ausgehendes „Sterblichkeitsgesetz" aufzustellen. Abraham de Moivre (1667–1754), dem die Totenzahlen der Sterbetafel relativ konstant erschienen, entwarf das erste Absterbegesetz, bei welchem er einen linearen Abfall der Zahl der Lebenden annahm. Tatsächlich fällt bei genauerer Betrachtung von Halleys Tafel auf, dass von den Altersklassen 30 bis 80 die jeweiligen Totenzahlen kaum variieren. Er vereinfachte darum Halleys Rechnungen durch die Formel $n = 86 - x$, wobei 86 das höchste vorkommende Alter und n die „Lebensergänzung" darstellt. Die Lebensergänzung n beschreibt zugleich die Zahl der im Alter x

---

[24] *Neuburger*, ZVersWiss 1974, 107 (113); Es ist zu beachten, dass die Tabelle das Alter im 5er-Intervall darstellt, also kein l_{x+1}, sondern nur l_{x+5} abgelesen werden kann.

Lebenden, die jährlich um 1 sinkt.[25]

Es folgten zahlreiche weitere Versuche von Mathematikern ein Sterblichkeitsgesetz (ähnlich den physikalischen Grundgesetzen) aufzustellen. Hier taucht auch Carl Friedrich Gauß zum ersten Mal in der Geschichte der Versicherungsmathematik auf, der Untersuchungen über die Kindersterblichkeit in den ersten sechs Monaten durchführte und diese in einer Formel mit großer Genauigkeit abbilden konnte.[26]

Letztlich kam man jedoch zu der Erkenntnis, dass die Sterblichkeit nicht eindeutig definierbar sei und von zu vielen Ursachen abhinge, als dass sie sich in ein Gesetz fassen ließe. Man versuchte deswegen mittels abgeleiteter analytischer Funktionen, die empirischen Tafelwerte durch Rechnungen so gut wie möglich nachzubilden.[27]

So stellte zunächst Johann Lampert im Jahr 1780 eine solche Funktion auf, die jedoch bald darauf von Benjamin Gompertz (1779–1865) übertroffen werden konnte, indem dieser eine Funktion mit geometrisch progressivem Sterblichkeitsverlauf erstellte.[28]

2. Die Rolle des C. F. Gauß – Ausgleichung von Sterbetafeln

Im Folgenden soll nun erläutert werden, welche Stellung C. F. Gauß bei der Entwicklung der Versicherungsmathematik eingenommen hat.

Die eben erwähnten Funktionalausdrücke, welche die beobachteten Sterblichkeitswerte reproduzieren sollen, hängen von Konstanten ab, die aus den tatsächlich beobachteten Werten zu bestimmen sind. So weist bspw. die Formel von Gompertz 3 Konstante auf, welche durch das Einsetzen von nur 3 beobachteten Alterswerten berechnet werden können. Anhand dieser Konstanten werden daraufhin alle übrigen erwarteten Alterswerte rechnerisch ermittelt.

Es ließe sich nun vermuten, dass, egal welche 3 beobachteten Alterswerte man kombiniert, immer dieselben Werte für die Konstanten hervorgehen. Demzufolge müssten auch die mittels der Konstanten berechneten Alterswerte identisch mit den beobachteten sein. Da jedoch, wie wir bereits festgestellt haben, die Sterblichkeitsbeobachtungen keinem Gesetz folgen, trifft diese Vermutung keineswegs zu.

---

[25] *Rosmanith*, Math. Statistik der Personenversicherung, S. 68.
[26] *Braun*, Geschichte der Lebensversicherung, S. 251.
[27] *Rosmanith*, Math. Statistik der Personenversicherung, S. 68.
[28] *Braun*, Geschichte der Lebensversicherung, S. 252.

Während die reproduzierten und rechnerisch ermittelten Werte einer analytischen Funktion nämlich regelmäßig verlaufen, sind hingegen die tatsächlichen Beobachtungswerte von Ausreißern und Zufälligkeiten geprägt, so dass sie einen sprunghaften Verlauf aufweisen (siehe Abbildung 1).[29]

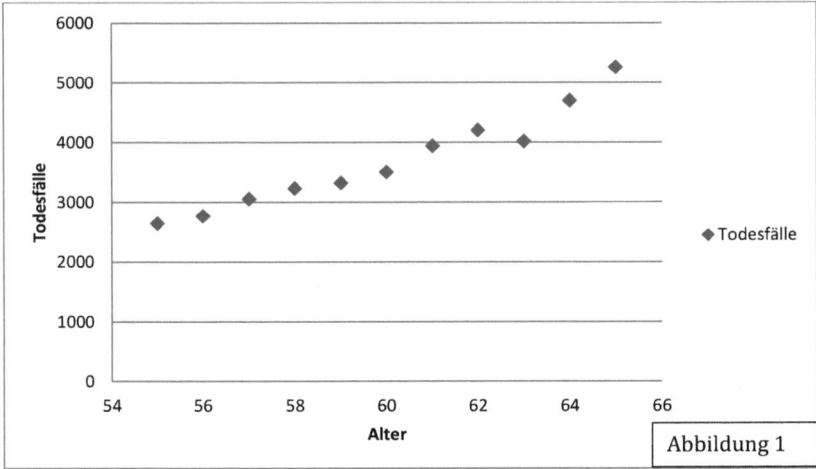

Abbildung 1

Grafisch betrachtet würde bei beliebiger Auswahl der Beobachtungswerte also nicht immer dieselbe Kurve erzielt werden, sondern beliebig viele unterschiedliche Kurven.

Das hat nicht zu bedeuten, dass ein regelmäßiger Sterblichkeitsverlauf nicht der Natur entspräche, als vielmehr, dass die durch Zufälligkeiten und Beobachtungsfehler auftauchenden Unregelmäßigkeiten auszugleichen sind um nicht dem Risiko zu unterliegen, durch die „falsche" Auswahl der Beobachtungswerte eine unrichtige Sterblichkeitsannahme zu treffen.

Eben dieses Ausgleichsproblem zu lösen gelang Carl Friedrich Gauß, der das „Fehlergesetz" und die darauf aufbauende „Methode der kleinsten Quadrate" im Rahmen seiner astronomischen Arbeiten entwickelte. Ausgehend von den oben ausgeführten Erwägungen war ihm bewusst, dass die ermittelten erwarteten Werte mit möglichst hoher Wahrscheinlichkeit den tatsächlich beobachteten entsprechen müssen. Sein Ziel war es daher, das Risiko einer starken Werteabweichung zu minimieren oder in seinen Worten „diejenige Art vorzuschreiben, wobei so wenig

---

[29] *Rosmanith*, Math. Statistik der Personenversicherung, S. 85.

14

Unsicherheit als möglich zu befürchten bleibt."[30] Die Werteabweichung, also die jeweilige Abweichung des beobachteten vom erwarteten Wert, repräsentiert somit den „Fehler".

Um den wahrscheinlichsten Wert zu ermitteln, erstellte Gauß zunächst eine Funktion, die die Wahrscheinlichkeit der Fehler wiedergibt, auch bekannt als „Gaußsche Fehlerfunktion". Sie definiert die geometrische Wahrscheinlichkeit des Vorkommens eines (Zufalls- oder Mess-) Fehlers in einem bestimmten Intervall. Dabei gilt bei mehreren unterschiedlichen Beobachtungen das arithmetische Mittel als die wahrscheinlichste Maßzahl.[31]

Gauß traf nun die Annahme, dass die Summe aller Fehlerwahrscheinlichkeiten gleich Eins sei, ausgedrückt durch die Integralfunktion
$$\int_{-\infty}^{\infty} \varphi(x)dx = 1$$
.

Die Funktion $\varphi(x)$ bestimmt den relativen Fehler in der Beobachtung x, sodass $\varphi(x)dx$ die Fehlerwahrscheinlichkeit zwischen x und dx ausdrückt. Inhaltlich ist dann die entscheidende Bedingung, dass diese Fehlerwahrscheinlichkeit, also
$$\int x^2 \varphi \, dx$$
zu einem Minimum wird. Gauß benutzte dabei das Quadrat als Funktionsart, das aus numerischen Gründen ein angemessenes Gewicht des Fehlers darstellt und der Methode ihren Namen gab.[32]

Erneut grafisch betrachtet, gelang es Gauß also, für alle Beobachtungen diejenige Kurve zu bestimmen, welche allen Beobachtungswerten am besten entspricht. Sie ist diejenige Kurve, welche die Summe der Quadrate der Werteabweichungen zu einem Minimum macht (siehe Abbildung 2).[33]

---

[30] *Braun*, Geschichte der Lebensversicherung, S. 256.
[31] *Bernstein*, Math. Annalen 1907, 420 f.
[32] *Bühler*, Gauss – Eine biographische Studie, S. 135.
[33] *Rosmanith*, Math. Statistik der Personenversicherung, S. 88.

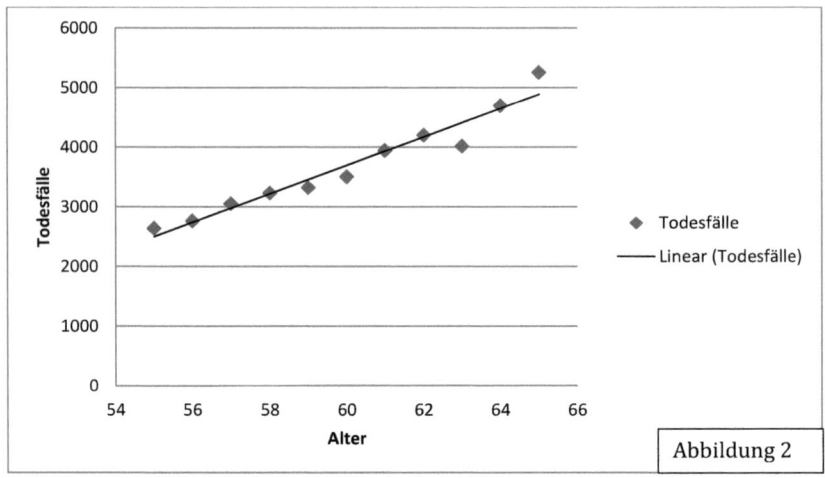

Abbildung 2

Gauß' Rolle in der theoretischen Lebensversicherungsmathematik lässt sich wie folgt zusammenfassen: Durch seine „Methode der kleinsten Quadrate" (als Ausgleichungsinstrument für Sterbetafeln) kann der für das jeweilige Alter wahrscheinlichste Sterblichkeitswert bestimmt werden, wodurch Berechnungen von Renten und Versicherungsprämien präziser möglich sind. Zwar gibt es noch andere mathematische Methoden zur Ausgleichung von Messdaten (z. B. die King-Hardysche Ausgleichung), die jedoch nicht die gleiche Präzision und allgemeine Gültigkeit besitzen wie diejenige von Gauß, die für die Versicherungsmathematik unentbehrlich ist.[34]

---

[34] *Rosmanith*, Math. Statistik der Personenversicherung, S. 86.

3. Die Rolle des C. F. Gauß – auch in der Schadensversicherung?

Während der Lebensversicherung, wie eben beschrieben, eine jahrhundertlange Geschichte der Konzipierung und Anwendung zugrunde liegt, ist die Mathematik der Schadensversicherung hingegen ein vergleichsweise junger Spross. Dies liegt vor allem an der komplexeren Struktur der Schadensversicherung. Im Gegensatz zur (Kapital-)Lebensversicherung ist bei ihr nämlich sowohl die Höhe der Versicherungsleistung als auch der Eintritt des Versicherungsfalls zufallsabhängig.[35]

Diese beiden Komponenten sind wesentliche Bestandteile des sogenannten „kollektiven Modells der Risikotheorie", welches erst im 20. Jahrhundert vor allem durch Filip Lundberg und Harald Cramer entwickelt wurde, also nach Gauß' Zeit.

Doch auch wenn sich Gauß nicht unmittelbar mit der Schadensversicherung auseinandersetzte, so sollte zumindest festgehalten werden, dass seine im Zusammenhang mit der „Methode der kleinsten Quadrate" und der „Fehlertheorie" geleistete Arbeit für die Entwicklung der Statistik und Wahrscheinlichkeitstheorie maßgebend war. Zudem bildet sie die Grundlage für den Begriff des „mittleren Risikos".[36] Wenn heutzutage Versicherungsgesellschaften die Risiken (Schadenshöhe; Schadenseintritt) ihrer Kunden gegen ein Entgelt übernehmen, müssen sie berechnen können, welchen Wert die Risikoübernahme hat. Es werden also, wie bei den Sterbetafeln auch, Statistiken aufgestellt, um voraussagen zu können mit welcher Wahrscheinlichkeit sich das jeweilige Risiko realisiert. Im Kern kann man demnach auch bei der Schadensversicherung eine Verbindung zu Gauß und seinen Wahrscheinlichkeitstheorien ziehen. Dennoch sollte man diese Parallelerscheinung nicht allzu schwer gewichten. Denn die Schadensversicherung birgt immer noch viele weitere Probleme in sich. Die Risiken werden oftmals durch mehrere, teils nicht genau festzulegende Faktoren beeinflusst, wohingegen bei der Lebensversicherung das Alter als ein zuverlässiger und wesentlicher Faktor herangezogen werden kann. Auch hinsichtlich der Gewinnung von Rechnungsgrundlagen macht sich dieses Problem bemerkbar.[37]

---

[35] *Heilmann*, VW 1993, 239 (242).
[36] vgl. *Braun*, Geschichte der Lebensversicherung, S. 432.
[37] *Neuburger*, ZVersWiss 1974, 107 (120).

III. Beitrag zur Versicherungspraxis – Göttinger Professoren-Witwen-Kasse

Zehn Jahre vor seinem Tod widmete sich Carl Friedrich Gauß nicht nur mathematisch-theoretischen Problemen, sondern befasste sich ebenfalls mit praktischen und lebensnahen Themen. Besonders nah stand ihm dabei die Göttinger Universität, an welcher er selbst studiert und gelehrt hatte.[38] Dort wurde im Jahre 1739 durch Reskript der Hannoverschen Regierung die „Göttinger Professoren-Witwen- und -Waisenkasse" gegründet, die Gauß zu seiner Zeit „ein herrliches Kleinod unserer Universität, einzig in seiner Art" nannte.[39] Sie verfolgte den Zweck, Witwen und Kinder von verstorbenen Professoren finanziell zu unterstützen, um nicht zuletzt auch einen Anreiz für das Berufsamt und die Familiengründung zu schaffen.

Bereits Ende des 17. Jahrhunderts war in Deutschland der Versicherungsgedanke aufgetaucht, durch das Errichten von Sterbekassen etwaige Hinterbliebene zu versorgen. Die Einrichtungen verschwanden jedoch nach recht kurzer Zeit wieder, „weil es ihnen mehrenteils entweder an richtiger Berechnung der Mortalität oder an gehörig guter Wirtschaft mit dem vorhandenen Gelde oder vielleicht auch an allen beyden fehlte."[40] Ein Hauptgrund dafür war oft, dass die Mitgliederbeiträge in keiner versicherungstechnisch begründeten Relation zu den Leistungen der Kassen standen.[41]

Um zu verhindern, dass die Göttinger Professoren-Witwen- und Waisenkasse das gleiche Schicksal ereilen würde, bat man Carl Friedrich Gauß im Jahre 1845 um die Erstellung eines umfassenden Gutachtens über die gegenwärtige und zukünftige finanzielle Situation der Einrichtung. Schon kurz zuvor hatte der Universitätsrat Oesterley ein solches Gutachten erstellt, welches ergab, dass sich die Kasse in gutem Zustand befände und in nächster Zeit keine ersichtliche Gefahr drohen würde. Stattdessen wurde sogar eine Erhöhung der Leistungen empfohlen, die zu jener Zeit 250 Reichstaler je Witwe betrugen. Der Prorektor und Mediziner Rudolf Wagner hegte jedoch Bedenken gegen diese Beurteilung und ersuchte deshalb den berühmten Mathematiker Gauß um ein erneutes Gutachten.

---

[38] siehe oben: A. Lebenslauf.
[39] *Ebel*, Über die Prof.-Witwen-Waisenkasse zu Göttingen, S. 146 f.
[40] *Braun*, Geschichte der Lebensversicherung, S. 170.
[41] *Ebel*, Über die Prof.-Witwen-Waisenkasse zu Göttingen, S. 151.

Dieser kritisierte sofort die Erwägungen seiner Vorgänger und erklärte, dass für die Behandlung des Problems erstens, eine gründliche auf Mortalitätsgesetzen und Wahrscheinlichkeitsrechnungen basierende Bilanz zu erstellen sei und zweitens, diese genügend Zeit benötige.[42]

Dass Gauß als einer der Mitbegründer der versicherungstechnischen Grundlagen dieser mathematischen Problemstellung gewachsen war, konnte niemand bestreiten. Er verwendete dabei die Sterbetafel von E. W. Brune, der diese im Jahr 1837 anhand Angehöriger der „Königlich Preußischen Allgemeinen Witwen-Verpflegungsanstalt zu Berlin" von 1776–1834 erstellt hatte. Bei der Berechnung der Sterbewahrscheinlichkeiten konnte er sodann seine eigenen Methoden anwenden.

Bedenken bestanden nur hinsichtlich seiner Erfahrung mit dem Finanzwesen. Dazu sei gesagt, dass Gauß schon als Student sehr sorgfältig und nach „einer strengen Ökonomie" mit seinem Geld umging und dabei stets den Überblick über seine Einnahmen und Ausgaben bewahrte.[43] Und auch bei seinem Gutachten gelang es ihm diese strenge Ökonomie beizubehalten. Ganz von selbst kam er auf den Gedanken, die Überprüfung periodisch durchzuführen und neue versicherungstechnische Bilanzen aufzustellen, an denen es bisher gefehlt hatte.[44] Man kann ihm diese Leistung hoch anrechnen, auch weil die für seine Berechnungen erforderlichen Daten nicht vollständig zur Verfügung standen.[45]

Außerdem teilte Gauß die Verpflichtungen der Kasse in drei Bereiche auf: Erstens, diejenigen gegenüber den Witwen und Waisen, zweitens, diejenigen gegenüber den momentanen Mitgliedern und drittens, diejenigen gegenüber künftig noch beitretenden Mitgliedern. Er nahm also auch Neuzugänge mit in seine Berechnungen auf – eine wichtige Erkenntnis, zu der vor ihm keiner gelangt war.[46]

Letztlich kam Gauß in seinem Gutachten zu dem Ergebnis, dass, wenn die derzeitigen Pensionen nicht herabgesetzt werden sollten, der Mitgliedsbeitrag von 10 auf 15 Taler erhöht werden müsse und die Höhe der einzelnen Pensionen von denen abhängig gemacht werden müsse, die insgesamt zur gleichen Zeit gewährt werden.

---

[42] *Ebel*, Über die Prof.-Witwen-Waisenkasse zu Göttingen, S. 158.
[43] Brief von Gauß an Zimmermann 1795; *Bieberbach*, Gauß – Ein deutsches Gelehrtenleben, S. 20 f.
[44] *Braun*, Geschichte der Lebensversicherung, S. 233.
[45] *Ebel*, Über die Prof.-Witwen-Waisenkasse zu Göttingen, S. 158.
[46] *Braun*, Geschichte der Lebensversicherung, S. 233.

Ergänzend betonte er, dass sich die zu jener Zeit hohe Mitgliederanzahl (51) erst in 30 bis 40 Jahren auswirken würde, womit er Recht behalten sollte.[47]

Entgegen der Annahmen des zuvor gemachten Gutachtens kam Gauß also durch sein äußerst systematisches und präzises Vorgehen zu einem gegenteiligen Resultat, das sich in den nächsten Jahren als das richtige herausstellte. Der damalige Göttinger Professor Sartorius von Waltershausen wertete Gauß' Leistung mit folgenden Worten: „Gauß hat so [...] ein vortreffliches Institut, welches durch unlogische Gesetze einem sicheren Untergang entgegengeeilt wäre und das schon in den Abgrund des Verderbens hineinblickte, für alle Zeiten, solange menschliche Dinge einer ruhigen Entwicklung folgen, zum Segen unserer Witwen und Waisen erhalten."[48]

---

[47] *Ebel*, Über die Prof.-Witwen-Waisenkasse zu Göttingen, S. 159.
[48] *Waltershausen*, Gauss zum Gedächtnis, S. 68.

C. Bewertung von Gauß' Wirken

I.   Bewertung des Wirkens durch Zeitgenossen

Es sei vorab gesagt, dass es kaum jemanden gab, der die Werke des Carl Friedrich Gauß' im Hinblick auf deren wissenschaftlichen Gehalt scharf kritisierte. Er genoss, wie im Lebenslauf beschrieben, schon in jungen Jahren einen solch hohen Stand unter den Mathematikern, dass kaum einer auch nur den Anlass dazu hatte seine Arbeiten infrage zu stellen. Dies hängt wohlgemerkt damit zusammen, dass es innerhalb der Mathematik keine Meinungsstreitigkeiten, wie etwa im Sinne der Rechtswissenschaft oder Philosophie, gibt, da der Grad an Rationalität und Objektivität unvergleichlich hoch ist. Zudem achtete Gauß stets darauf, seine Entdeckungen erst bei absoluter Vollständigkeit abzudrucken und scheute es ungemein vorläufige Ergebnisse zu veröffentlichen.[49]

Gauß' größter Kritiker war wohl er selbst. Das kommt vor allem in seinen Briefen und Nachlassen deutlich zum Ausdruck. 1840 schrieb er bezüglich seiner Dissertation an Schuhmacher: „Ich habe es von jeher mir zur Pflicht gemacht, auf die Reinheit der mathematischen Begriffsbestimmungen zu halten, was man freilich bei den meisten Geometern neuerer Zeit vermißt."[50]

Sein Drang zur Perfektion bestimmte in gewisser Weise auch seine Arbeiten, wie etwa die „Methode der kleinsten Quadrate", welche er deshalb entwickelte, weil er sich nicht mit durch Zufälligkeiten und Messfehler beeinflussten Ergebnissen zufrieden geben wollte. Im Versicherungswesen wurde die „Methode der kleinsten Quadrate" dann für die Ausgleichung von Sterbetafeln instrumentalisiert, nachdem Gauß sie bei seinen astronomischen Arbeiten verwendet und für allgemein gültig erklärt hatte.

Es erscheint also nicht verwunderlich, dass Gauß' Leistungen vor allem positiv bewertet und teils sogar bewundert wurden. Der berühmte französische Wahrscheinlichkeitstheoretiker Pierre-Simon Laplace, mit dem Gauß regelmäßig Briefe aus-

---

[49] vgl. *Bieberbach*, Gauß – Ein deutsches Gelehrtenleben, S. 33.
[50] *Bieberbach*, Gauß – Ein deutsches Gelehrtenleben, S. 38.

tauschte, bezeichnete 1809 die Methode der kleinsten Quadrate als „die vorteilhaf-
teste, als sie Werte liefert, bei denen kleinstmögliche Fehler zu befürchten sind,
und zwar ohne Rücksicht auf die Form des Gesetzes, dem der Fehler der einzelnen
Beobachtung unterworfen ist".[51]

Sartorius von Waltershausen, deutscher Geologe und einer der engsten Freunde
von Gauß, lobte (wie schon weiter oben zitiert) das für die Göttinger Professoren-
Witwen-Waisenkasse erstellte Gutachten und sprach sich außerdem dafür aus,
„dass diese, so viele neue Gesichtspunkte enthaltende, meisterhaft abgefasste
Denkschrift, nach dem Tode des grossen Mathematikers zur Sicherstellung ähnli-
cher Institute einem weitern Kreise für die Dauer nicht vorenthalten [werden]
würde".[52] Sein Ratschlag war durchaus angebracht, wie durch die weitere Bewertung sichtbar wird.

---

[51] *Galle*, über die geodätischen Arbeiten von Gauß , S. 12.
[52] *Waltershausen*, Gauss zum Gedächtnis, S. 68.

II. Bewertung des Wirkens durch das spätere und heutige Schrifttum

Nach wie vor hat sich nichts an der Korrektheit der wahrscheinlichkeitstheoretischen Arbeiten von Gauß geändert. Man ist sich unterdessen vor allem der Bedeutung der „Methode der kleinsten Quadrate" und des „Fehlergesetzes" für die Versicherung bewusst geworden. Heinrich Braun sieht in jenen wichtige und unentbehrliche Bestandteile der Versicherungsmathematik und bezeichnet sie auch als die Grundlagen der modernen mathematischen Statistik.[53] So finden Gauß' Methoden bei der heutigen Prämien- und Reserveberechnung immer noch Anwendung.[54]

Der heutige Versicherer kalkuliert den Preis, also die Prämie (§ 1 Satz 2 VVG) auf Grundlage von Sterblichkeitsannahmen, die auf einschlägigen Statistiken (Sterblichkeitstafeln) basieren.[55] Auch zum Schutz der Versicherungsnehmer vor dem Insolvenzrisiko des Versicherers ist also eine präzise Berechnung der Prämien geboten (vgl. § 11 VAG).

Heilmann trägt weiterhin vor, dass sich im Grundsatz das Instrumentarium der Lebensversicherungsmathematik, abgesehen von Einzel- und Sonderproblemen, kaum verändert hat. Es wurden vor allem neue Deckungsformen, wie beispielsweise die Heirats- und Berufsunfähigkeitsversicherung entwickelt. Selbstverständlich gab es auch durch die elektronische Datenverarbeitung wesentliche Veränderungen im Berufsalltag des Versicherungsmathematikers.[56] Das alles schmälert allerdings nicht Gauß' mathematische Leistungen, sondern zeigt im Gegenteil deren weitreichende Bedeutung innerhalb verschiedener Produktpaletten auf.

Der gleichen Ansicht ist auch der Versicherungsjurist und ehemalige Vorstandsvorsitzende der „Aachener und Münchner Versicherungsgesellschaft" Peter Koch, der Gauß' Werken zudem eine große Bedeutung hinsichtlich der Theorie des Risikos beimisst. Diese spielt heutzutage insbesondere in der Schadensversicherung eine Rolle, worauf bereits im Hauptteil dieser Arbeit eingegangen wurde.[57]

---

[53] *Braun*, Geschichte der Lebensversicherung, S. 255.
[54] *Rosmanith*, Math. Statistik der Personenversicherung, S. 86.
[55] *Kaulbach* in FKBP, S. 147 f.
[56] *Heilmann*, VW 1993, 239 (241).
[57] siehe. B. II. 4.

Auch Gauß' praktische Arbeit, nämlich die Erstellung des Gutachtens für die Göttinger Witwen- und -Waisenkasse, hat nach einhelliger Ansicht zur Entwicklung des Versicherungswesens beigetragen. Der schon soeben zitierte Aktuar Peter Koch nannte Gauß' Gutachten „eines der berühmtesten versicherungsmathematischen Dokumente der Welt".[58] Auch Steven Vajda, britischer Versicherungsmathematiker und Unternehmensforscher, sprach Gauß bezüglich seines Gutachtens „Pionierarbeit" im deutschsprachigen Raum zu und brachte im Übrigen zum Ausdruck, dass ein solches Fachverständnis, wie Gauß es seinerzeit besaß, bei vielen Versicherungsmathematikern der modernen Zeit zu wünschen wäre.[59] Indem Gauß nämlich mithilfe der angewandten Mathematik das Problem der Gewinnermittlung eines Lebensversicherungsunternehmens lösen konnte, schuf er zugleich das solide Fundament für die Entstehung der ersten Versicherungsgesellschaften in Deutschland.[60]

Letztendlich wird für die Geschichte des Versicherungsgedankens die Tatsache besonders hervorgehoben, dass Carl Friedrich Gauß als „der nach anerkanntem Urteil größte Mathematiker aller Zeiten einen beträchtlichen Teil seines Lebenswerkes der Idee der Versicherung und ihrer Ausgestaltung gewidmet hat". Dadurch wird deutlich zum Ausdruck gebracht, dass die Versicherung ein geistesgeschichtliches Phänomen darstellt.[61]

---

[58] *Koch*, VW 1996, 169 (171).
[59] *Vadja*, Blätter der DGVFM 1950, 7 (7f.).
[60] *Neuburger*, ZVersWiss 1974, 107 (117); *Heilmann*, VW 1993, 239 (241).
[61] *Heilmann*, VW 1993, 239 (241); *Koch*, Pioniere des Versicherungsgedankens, S. 254.

III.   Bewertung des Wirkens durch den Verfasser

Nach intensiver Beschäftigung mit Gauß' Beiträgen zum Versicherungswesen komme ich größtenteils zu der gleichen Auffassung wie das heutige Schrifttum. Gauß' mathematisch-theoretischer Beitrag ist grundlegend für die Statistik und Wahrscheinlichkeitsrechnung gewesen und stellt damit einen wichtigen und nicht hinwegzudenkenden Baustein für das Gerüst des Versicherungswesens dar. Dabei sind seine Leistungen in erster Linie im Zusammenhang mit der Lebensversicherungsmathematik zu sehen und weniger, aber auch, mit der später entwickelten und komplexeren Schadensversicherungsmathematik (siehe B. II. 3.).

Freilich dürfen dabei nicht diejenigen bedeutsamen Persönlichkeiten vergessen werden, welche den Versicherungsgedanken bereits vor Gauß auffassten sowie mathematisch ausbauten. Gauß' Arbeit ist als ein bedeutsames Glied in die lange Kette der Versicherungsgeschichte einzureihen und kann nur aus diesem Blickwinkel in richtiger Weise gewürdigt werden.

Weiterhin hat sich gezeigt, dass sein umfassendes Gutachten nicht nur die Göttinger Sterbekasse vor dem Ruin bewahren konnte, sondern darüber hinaus der Versicherungswirtschaft in Deutschland einen entscheidenden Anstoß gab, wie es bereits Sartorius von Waltershausen vermutet hatte.[62] Die praxisorientierte Arbeit des Carl Friedrich Gauß hatte insofern richtungsweisenden Charakter.

Zum Schluss möchte ich gerne auf die insbesondere von Koch gemachte Aussage Bezug nehmen, die Versicherung sei aufgrund der eindringlichen Beschäftigung von Gauß mit derselben zum geistesgeschichtlichen Phänomen erhoben worden.[63] Für Peter Koch ist diese Erkenntnis noch bedeutsamer für die Geschichte des Versicherungsgedankens als Gauß' Beitrag selbst.[64]

Mir drängt sich dabei folgende Frage auf: Hat sich Gauß wirklich intensiv mit dem Versicherungswesen auseinandergesetzt oder entstanden seine Arbeiten nicht doch aus ganz anderen Motiven und wurden erst im Nachhinein mit der Versicherung in Verbindung gebracht?

---

[62] siehe C. I. am Ende.
[63] *Koch*, Pioniere des Versicherungsgedankens, S. 254.
[64] *Koch*, Pioniere des Versicherungsgedankens, S. 254.

Seine „Methode der kleinsten Quadrate" verwendete Gauß hauptsächlich bei seinen astronomischen Arbeiten und veröffentlichte sie dementsprechend innerhalb der „Theoria motus corporum coelestium [...]". Auch bei seinem Gutachten für die Göttinger Witwen- und Waisenkasse entsteht der Anschein, dass Gauß diese Aufgabe in erster Linie aufgrund seiner engen Beziehung zur Göttinger Universität annahm und der versicherungstechnische Bezug dabei im Hintergrund stand.

Steven Vadja sprach ähnliche Bedenken aus, „daß sich große Mathematiker [wie Gauß] mit Fragen der Versicherung als eine Art Erholung beschäftigten, wie man etwa Kreuzworträtsel oder Sachaufgaben löst".[65]

Auch wenn es in gewisser Hinsicht keine Rolle spielen mag, ob Gauß selbst etwas zum Versicherungswesen beitragen *wollte* oder nicht, so bleibt diese Frage dennoch hinsichtlich der von Koch aufgestellten These einer Beantwortung schuldig. Denn wie kann die Person des Carl Friedrich Gauß überhaupt als Pionier des Versicherungsgedankens verstanden werden, wenn er selbst zu keiner Zeit diesen Gedanken entwickelte?

Fest steht, dass Gauß sich vor allen Dingen der *reinen* Mathematik widmete. So gesehen bildete auch die Astronomie nur einen sekundären Grund für seine Arbeiten und die reine Suche nach der Wahrheit den Hauptgrund, der die Astronomie zum würdigen Objekt seiner Bemühungen machte. Das Hauptmotiv für sein Schaffen war stets der reine Enthusiasmus für eine Sache an sich.[66]

Dass er nun eben diesen Enthusiasmus auch für den Versicherungsgedanken hatte, äußerte er selbst nach Vollendung seines Gutachtens für die Göttinger Sterbekasse: „Nicht die Größe der Pension sei schon zu Anfang das Anziehende gewesen, sondern die liberale Art, wie dem, der Göttinger Professor werden konnte, eine sichere Unterstützung einer nachbleibenden Witwe dargeboten wurde mit der Aussicht, sie nach und nach erhöht zu erhalten".[67] Des Weiteren lassen der große Umfang und die hohe Qualität seiner Arbeit auf die intensive Auseinandersetzung mit versicherungstechnischen Aspekten schließen.

---

[65] *Vadja*, Blätter der DGVFM 1950, 7 (8).
[66] vgl. *Bühler*, Gauss – Eine biographische Studie, S. 136f.
[67] *Ebel*, Über die Prof.-Witwen-Waisenkasse zu Göttingen, S. 159.

Schlussendlich ist festzuhalten, dass Carl Friedrich Gauß' wertvoller Beitrag zum Versicherungswesen nicht nur als Parallelerscheinung seines mathematischen Genies betrachtet werden kann, da er sich durchaus mit dem Versicherungsgedanken selbst befasste. Und selbst wenn Gauß sich bei der Entdeckung der „Methode der kleinsten Quadrate" und seines „Fehlergesetzes" noch nicht der konkreten Bedeutung für die Versicherung bewusst gewesen ist, so seien abschließend seine Worte angeführt: „Ich habe die Unart, ein lebhaftes Interesse bei mathematischen Gegenständen nur da zu nehmen, wo ich sinnreiche Ideenverbindungen und durch Eleganz oder Allgemeinheit sich empfehlende Resultate ahnen darf,...".[68]

---

[68] *Wussing*, Gauss, S. 40.